科普大爆炸AR互动系列

小欧的航空博物馆

煎饼科技 编著

西南财经大学出版社

人物介绍

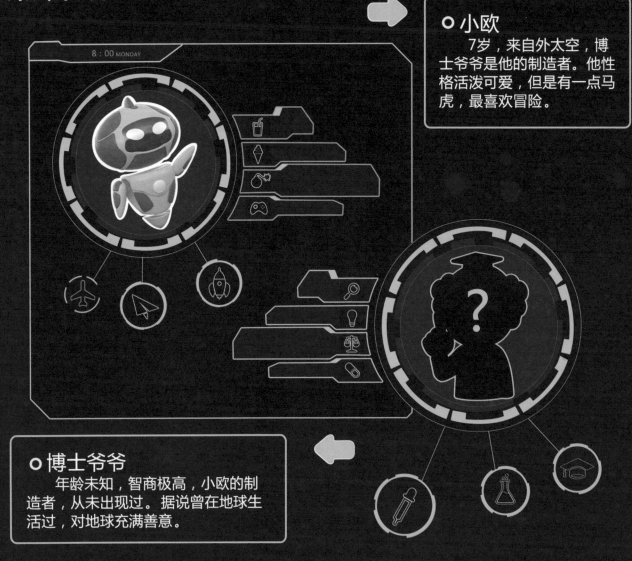

8:00 MONDAY

小欧
7岁，来自外太空，博士爷爷是他的制造者。他性格活泼可爱，但是有一点马虎，最喜欢冒险。

博士爷爷
年龄未知，智商极高，小欧的制造者，从未出现过。据说曾在地球生活过，对地球充满善意。

使用说明

01 安装二维码

- 扫描"下载软件"二维码下载产品APP。

下载软件

产品展示

突然有一天，小欧被博士爷爷传送到了地球，并给他安排了任务，让他带领小朋友参观航空博物馆。奇幻的旅程即将开始，小朋友们准备好了吗？

02 操作说明

扫一扫

- 手机扫一扫，书里的飞机会飞出来。

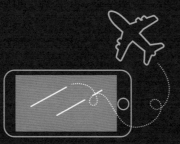

点一点

- 点击屏幕空白处，飞机会随着手指而动。
- 点击拍照或录像按钮，留下更多美好的瞬间。
- 点击小游戏按钮，多种小游戏有趣又好玩。
- 点击发射导弹按钮，操控飞机发射导弹。
- 点击光亮处，进入科普学习空间。

划着玩

- 两指可放大或缩小飞机，实现360°水平旋转。

摇着玩

- 摇一摇手机，轻松退出当前场景。

"脱卡"玩

- 扫描完飞机后，轻抬手机可以实现飞机"脱卡"玩法。

斜着玩

- 倾斜手机，利用重力感应来操控舰载机起飞。

03 注意事项

- 点击下载好的应用，第一次打开时，请允许手机相机访问"小欧的航空博物馆"。
- 请在光线充足的地方用手机扫描本产品，同时也要注意防止所扫描的页面因强光照射导致反光，从而影响扫描效果。
- 书中对加粗的词语做了进一步解释，请在前言与名词解释页中查看。

目录

前言

什么是飞机？

飞机是由固定翼产生升力，由推进装置产生推(拉)力，在大气层中飞行的自身密度大于空气密度的航空器。

飞机的特征有哪些？

1.自身的密度比空气大，并且由动力驱动前进。
2.有固定的机翼，机翼提供升力使飞机能翱翔于天空中。

哪些属于飞机呢？

1.空中飞的不一定都是飞机。
2.飞行器的密度小于空气密度时，它就是气球或飞艇。
3.没有动力装置，只能在空中滑翔的是滑翔机。
4.飞行器的机翼如果不固定，靠机翼旋转产生升力，就是直升机或旋翼机。

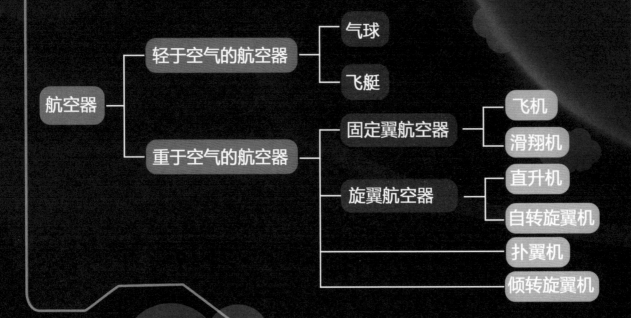

历史上第一架飞机

20世纪初，美国的莱特兄弟在世界的飞机发展史上做出了重大的贡献。他们在1903年制造出了第一架依靠自身动力、可以操纵的载人飞行器"飞行者一号"，并且获得试飞成功。他们因此于1909年获得美国国会荣誉奖。同年，他们创办了"莱特飞机公司"。自从飞机发明以后，飞机日益成为现代文明不可或缺的交通工具。它深刻地改变和影响了人们的生活，拉开了人们征服蓝天的序幕。

① 升力——向上的力，使飞机上升的力。

② 航空器——能在大气层内进行可控飞行的飞行器。

③ 密度——物质每单位体积内的质量。

④ 飞行器——在大气层内或大气层外空间（太空）飞行的器械，种类可分为航空器、航天器、火箭和导弹。

⑤ 旋翼——直升机的重要部件。在直升机飞行过程中，旋翼起产生升力和拉力双重作用。

⑥ 自动旋转翼——一种利用前飞时的相对气流吹动旋翼自转以产生升力的旋翼航空器。

⑦ 扑翼机——指机翼能像鸟和昆虫的翅膀那样上下扑动的重于空气的航空器，又称振翼机。

⑧ 倾转旋翼机——一种将固定翼飞机和直升机特点融为一体的新型飞行器，有人形象地称其为空中"混血儿"。

飞机的组成部分

机翼

主要功用是产生升力，以支持飞机在空中飞行，同时也起到一定的稳定和操作作用。在机翼上一般安装有副翼和襟翼，操纵副翼可使飞机滚转，放下襟翼可使升力增大。

机身

动力装置

机翼

尾翼

起落架

机身

主要功用是装载乘员、旅客、武器、货物和各种设备，将飞机的其他部件如：机翼、尾翼及发动机等，连接成一个整体。

尾翼

包括水平尾翼和垂直尾翼。尾翼的作用：
① 使飞机的飞行变得稳定。
② 尾翼上的升降舵和方向舵操纵飞机俯仰和防止偏航。

起落装置

飞机的起落架，大都由减震支柱和机轮组成，作用是起飞、着陆滑跑、地面滑行和停放时支撑飞机。

动力装置

用来产生拉力和**推力**，使飞机前进，并且为飞机上其他用电设备提供电源等。除了发动机本身，动力装置还包括一系列保证发动机正常工作的系统。

飞机飞行原理

升力到底是什么？

    飞机是比空气重的飞行器，因此需要消耗自身动力来获得升力。而升力的来源是飞行中空气对机翼的作用。

    机翼的上表面是弯曲的，下表面是平坦的，因此在机翼与空气相对运动时，流过上表面的空气在同一时间内走过的路程比流过下表面的空气走过的路程远，所以在上表面的空气的相对速度比在下表面的空气的相对速度快。根据帕努利定理——流体相对机翼的速度增大时，流体对机翼产生的压强减小。因此上表面的空气施加给机翼的压力小于下表面的空气施加的压力。上下的合力必然向上，于是就产生了升力。

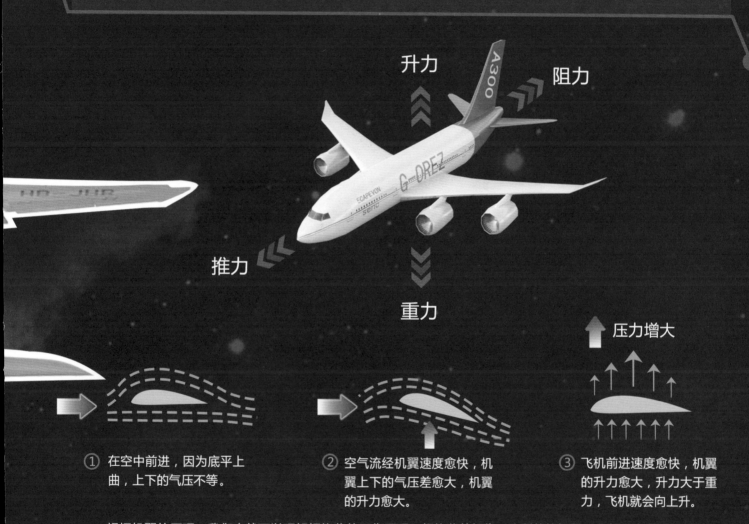

① 在空中前进，因为底平上曲，上下的气压不等。

② 空气流经机翼速度愈快，机翼上下的气压差愈大，机翼的升力愈大。

③ 飞机前进速度愈快，机翼的升力愈大，升力大于重力，飞机就会向上升。

    根据机翼的原理，我们也就可以理解螺旋桨的工作原理。螺旋桨就好像一个竖放的机翼，凸起面向前，平滑面向后。旋转时压力的合力向前，推动螺旋桨向前，从而带动飞机向前飞行。

帕努利定理

    速度越快，机翼上下端翼面的压力差异越大，则升力越大，飞机飞得也就越高；而飞行高度越高，空气越稀薄，密度越低，所产生的升力越小。

军用飞机

第一次世界大战期间的飞机

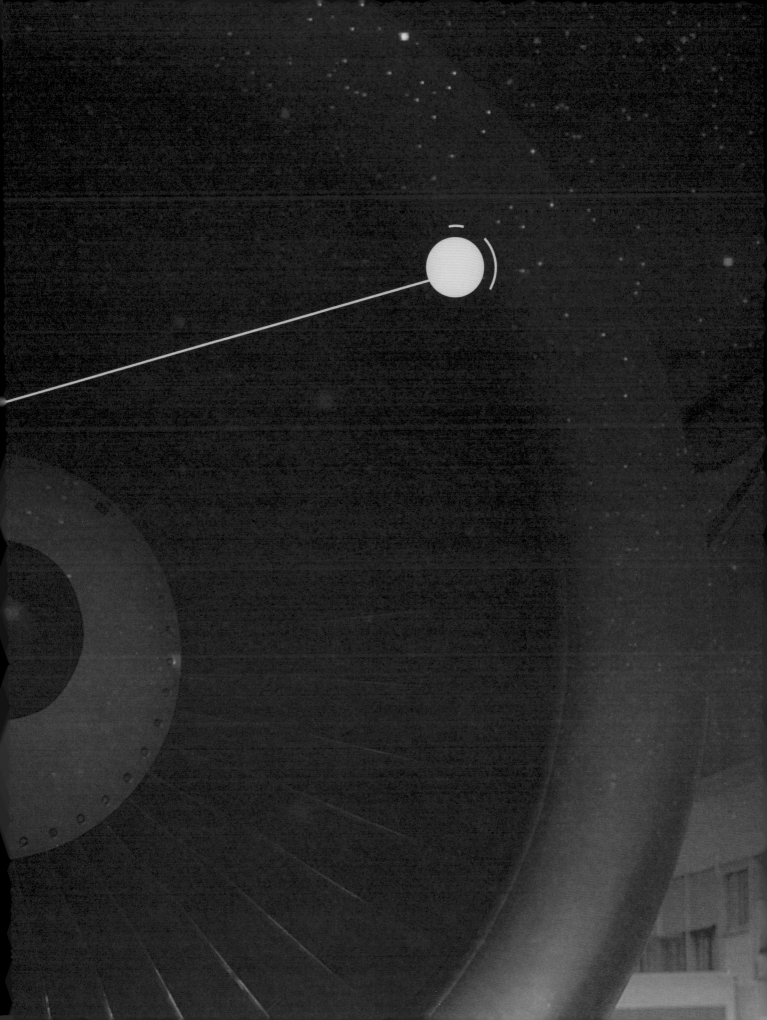

福克Dr.I单座三翼战斗机

福克Dr.I单座三翼战斗机是德国在第一次世界大战中使用的一款三翼机，由福克公司生产，其总产量为320架。

福克Dr.I由于机身轻巧、升力大，加上翼展相对较窄，具有很高的**爬升率**和机动性，非常适宜近距离格斗，曾经获得了许多技艺高超的飞行员的青睐。其中第一次世界大战时期的世界头号空战王牌，个人战果高达80架的里希特霍芬男爵驾驶的最后一架飞机就是它。

红男爵为何是一个时代的标志？

曼弗雷德·冯·里希特霍芬（1892年5月2日—1918年4月21日），他身世高贵，相貌英俊，性格坚毅，办事果敢，技艺不凡。凭着标准的骑士风度、盖世无双的战功及他那独特迷人的作战风格征服了无数人的心。他驾驶着那架使其得名的"红色男爵"三翼战斗机席卷整个西线战场，像一团熊熊燃烧的火焰，四处滚动，给敌人带来痛苦、恐慌、惊悸和战栗。里希特霍芬奇巨大的魅力使他成为人类空战史上极负盛名的空中英雄之一。他于1918年4月21日在索姆河上空阵亡，年仅25岁。他被德国公众称为红色飞行员，而在英国，他有一个响当当的绰号，"红男爵"。

▶ 第一次世界大战

　　第一次世界大战简称一战（1914年7月—1918年11月），是19世纪末20世纪初主要发生在欧洲但波及全世界的一场世界大战，是欧洲历史上破坏性极强的战争之一，是帝国主义列强争霸世界的标志。这场战争主要是以德国为首的同盟国和以英法为首的协约国之间的战斗。中国北洋政府于1917年8月14日对德、奥宣战。1918年11月德国投降，标志着第一次世界大战以协约国的胜利而告终。

性能参数

型号：福克Dr.I单座三翼战斗机

乘员数量：1人

机长：5.77m

翼展：7.20m

高度：2.95m

机翼面积：18.7m²

空重：406kg

最大起飞重量：586kg

动力系统：Oberursel Ur.II 9缸卧式星形发动机

马力：110hp

最大飞行速度：185km/h

实用升限：6 095m

航程：300km

爬升率：5.7m/s

武器：2 × 7.92mm（0.312英寸）MG08机枪

侧视图　　俯视图　　正视图

皇家飞机制造厂S.E.5A型战斗机

英国皇家飞机制造厂的S.E.5A型战斗机是第一次世界大战中英国著名的单座单发双翼战斗机。飞机使用等展双翼、直列发动机，其排气歧管外露，胶合板包覆的头部整流罩位于驾驶舱后面。这样的设计更有利于作战。

▶ 直列发动机

所有汽缸均肩并肩排成一个平面，它的缸体和曲轴结构简单，而且使用一个汽缸盖，制造成本较低，稳定性高，燃料消耗少，应用比较广泛。

▶ 整流罩

整流罩指的是火箭等飞行器上罩于外突物或结构外形不连续处以减少空气阻力的流线型构件，它是运载火箭等飞行器的重要组成部分。S.E.5A型战斗机驾驶舱后面就利用了此设备。

S.E.5A

航空发动机为何那么重要？

它是一种高度复杂和精密的热力机械，是为航空器提供飞行所需动力的发动机。航空发动机作为飞机的心脏，被誉为"工业之花"，直接影响飞机的可靠性及经济性，是一个国家科技、工业和国防实力的重要体现。

航空发动机主要有三种类型：活塞式发动机、燃气涡轮发动机、冲压喷气发动机。

上述三种发动机均用从大气中吸取的空气作为燃料燃烧的氧化剂，故又称吸气式发动机。其他还有火箭发动机、脉冲发动机和航空电动机。火箭发动机的**推进剂**（氧化剂和燃烧剂）全部由自身携带，燃料消耗太大，不适宜长时间工作。火箭发动机一般为运载火箭提供动力，在飞机上仅用于短时间加速（如起动加速器）。脉冲发动机主要用于低速**靶机**和航空模型飞机。由电力驱动的航空电动机仅用于轻型飞机，尚处在试验阶段。

性能参数

型号：皇家飞机制造厂S.E.5A型战斗机

乘员数量：1人

机长：6.38m

翼展：8.11m

高度：2.89m

空重：639kg

最大起飞重量：902kg

发动机：1X伊斯帕诺絮扎/沃尔斯利W4A型"蝰蛇"发动机

马力：200hp

最大飞行速度：222km/h

航程：483km

武器：1X7.7mm维克斯机枪（机身侧面）

1X7.7mm刘易斯机枪（机翼上方）

索普威斯F.1双翼机

　　索普威斯F.1双翼机由英国索普威斯公司设计，飞机发动机上部并列安装两挺机枪，并且采用了射击协调器，由于机枪上方各罩有一个凸起的鼓包，如同两只驼峰，因此又取名"骆驼"。它具有良好的机动性和强大的火力，在第一次世界大战的最后一年多的时间里，共击落敌机1 294架，成为当时战绩最优秀的战斗机。

实用的机枪射击协调器

　　能够使飞机在开枪时与飞机的螺旋桨协调动作，避免把子弹射到螺旋桨叶上，而使子弹从旋转的桨叶的空隙中射出。
　　机枪射击协调器的诀窍在于，当桨叶与枪管形成一条直线时，机枪自动停止射击，这样就能避免子弹撞击桨叶了。

性能参数

型号：索普威斯F.1双翼机

乘员数量：1人

机长：5.72m

翼展：8.53m

高度：2.59m

机翼面积：21.46m²

空重：421kg

最大起飞重量：659kg

发动机：1×Oberursel Ur.II 9缸卧式星形发动机

马力：150hp

载弹量：45.5kg

最大飞行速度：185km/h

实用升限：5 774m

航程：300km

爬升率：4.8m/s

续航时间：2.5h

武器：发动机的上部并列安装两挺机枪

俯视图　　　　正视图　　　　侧视图

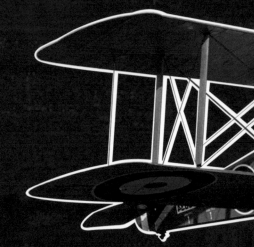

"骆驼"

早期的发动机——活塞式发动机

它是利用汽油与空气混合，在密闭的容器（气缸）内燃烧，膨胀作功的机械。活塞式发动机必须带动螺旋桨，由螺旋桨产生推（拉）力。所以作为飞机的动力装置时，发动机与螺旋桨是不能分割的。

从1903年第一架飞机升空到第二次世界大战末期，所有飞机都用活塞式航空发动机作为动力装置。20世纪40年代中期，在军用飞机和大型民用飞机上，燃气涡轮发动机逐步取代了活塞式航空发动机，但小功率活塞式航空发动机比燃气涡轮发动机更经济，在轻型低速飞机上仍广泛应用。

纽波特17战斗机

纽波特17战斗机是第一次世界大战期间法国生产的战斗机，它加速了法军夺回西部战线制空权的进程。该机在设计时力求将主要的重量载荷集中于重心附近，并采用了气缸旋转空冷发动机，使飞机的机动性能和爬升性能大大增强，战斗性能也得到了显著提升。很多王牌飞行员都喜欢驾驶它在边境线上进行单机游猎。

所谓制空权

制空权指交战一方在一定时间内对一定空域的控制权。掌握了制空权，就能限制敌方航空兵和防空兵器的战斗活动，保障己方航空兵的行动自由，使陆、海军的作战行动得到有效的空中掩护，防止国家重要目标受到敌方航空兵的严重侵害。

所谓空冷发动机

空冷发动机的原理是，在运行过程中，采用冷空气流过发热的气缸体，使发动机冷却。

纽波特17

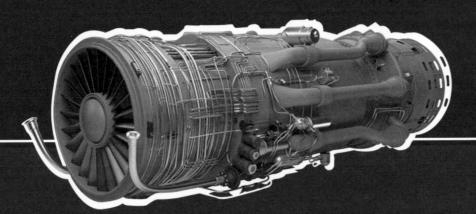

应用广泛的燃气涡轮发动机

这种发动机应用最广，包括涡轮喷气发动机、涡轮风扇发动机、涡轮螺旋桨发动机和涡轮轴发动机。它们都有压气机、燃烧室和燃气涡轮三个部分。涡轮螺旋桨发动机主要用于时速小于800千米的飞机，涡轮轴发动机主要用于为直升机提供动力，涡轮喷气发动机主要用于**超音速**飞机。涡轮风扇发动机与涡轮喷气发动机相比增加了涵道风扇，降低了燃油消耗，当代的战斗机，轰炸机和民航客机一般都使用涡轮风扇发动机。

::: 结构简单的冲压发动机

其特点是无压气机和燃气涡轮，进入燃烧室的空气利用高速飞行时的冲压作用增压。它构造简单、推力大，特别适合高速、高空飞行。不能自行起动和低速下性能欠佳，限制了它的应用范围。冲压发动机仅用在导弹和空中发射的靶弹上。

性能参数

型号：纽波特17

乘员数量：1人

机长：5.80m

翼展：8.16m

高度：2.40m

机翼面积：18.70m²

空重：375kg

最大起飞重量：560kg

发动机：乐罗纳9JA9缸转子发动机

最大马力：110hp

最大飞行速度：117km/h

武器：法-维克斯机枪，英-刘易斯枪

火箭：8乐PRIEUR火箭

（少数的飞机有两个炮）

军用飞机

第二次世界大战期间的飞机

德瓦蒂纳D.520战斗机

德瓦蒂纳D.520战斗机是1940年5月法国战役爆发时法国空军最好的战斗机。在法国战役期间，驾驶D.520战斗机的法国飞行员共获得108架确认战果，另有无法确认的战果39架，而己方在空战中只损失了26架飞机。

性能参数

型号：D.520

乘员数量：1人

机长：8.75m

翼展：10.2m

高度：2.57m

机翼面积：15.97m²

空重：2 036kg

最大起飞重量：2 790kg

马力：935hp

发动机："西班牙-瑞士"H-S12Y4512缸V型

最大飞行速度：534km/h

实用升限：11 000m

航程：860km

作战半径：344m

爬升率：达到4 000m高度需要5min48s

最大航程：1 530km

武器：机头一门20mm"西班牙-瑞士"HS-404型机关炮，机翼四挺7.5mmMAC34M39型机关枪

D.520

侧视图　　　　俯视图　　　　正视图

第二次世界大战

　　第二次世界大战（1939年9月1日—1945年9月2日）简称二战，亦可称为世界反**法西斯**战争，是以德意志第三帝国、日本帝国、意大利王国三个法西斯**轴心国**和匈牙利王国、罗马尼亚王国、保加利亚王国等仆从国为一方，以**反法西斯同盟**和全世界反法西斯力量为另一方进行的第二次全球规模的战争。

　　战争范围从欧洲到亚洲，从大西洋到太平洋，先后有61个国家和地区、20亿以上的人口被卷入战争，作战区域面积2 200万平方千米。据不完全统计，战争中军民共伤亡9 000余万人，5万多亿美元付诸东流，是人类历史上规模最大的世界战争。

　　第二次世界大战最后以美国、苏联、英国、中国等反法西斯国家和人民战胜法西斯侵略者、赢得世界和平与进步而告终。

　　第二次世界大战在客观上推动了科学技术的发展，带动了航空技术、原子能、电子技术等领域的发展与进步。

P-47战斗机

　　P-47战斗机，绰号"雷电"，是美国共和飞机公司研制的战斗机，是美国陆军航空军在第二次世界大战后期的主力战斗机之一，也是当时起飞重量最大的单引擎战斗机。其最大优势是采用了新型的R-2800型气冷式活塞发动机、废气涡轮增压系统和发动机注水等技术，大大提高了发动机功率。

　　飞行员的驾驶舱位于机身中部上方，两侧机翼前各装有3挺口径为12.7毫米的勃朗宁式机枪，每挺备弹200发以上。此外机身和翼下还设有多个外挂架，可挂炸弹和火箭等，最大外挂量为1 135千克。但是机体只能装载1 190升燃料，作战半径不足400千米，续航时间仅2小时左右。也就是说，它用牺牲航程和续航性能的办法来加强飞机的火力。

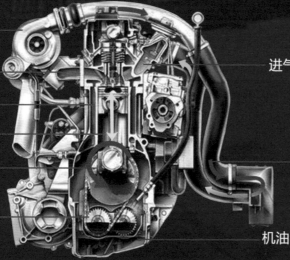

涡轮增压器

排气管道

活塞

气缸

曲轴链轮

机油泵链轮

进气管道

废气循环走向

机油

先进的废气涡轮增压原理

　　从发动机排气歧管排出的是高温、高压的废气，具有一定的能量。在自然吸气发动机中，这部分能量往往随着废气的排放而被白白浪费了。而废气涡轮增压器的动力来源主要就是这些废气。发动机工作时，排出的废气以一定角度高速冲击涡轮机叶轮，使增压器转子高速旋转。压气机叶轮的高速旋转使得发动机进气歧管内的气压升高，达到增压效果。这样一来，在进气过程中，空气会受到较大的压力，从而使更多的、密度更大的空气进入汽缸。这样，燃油就可以更加充分地燃烧，发动机的性能便更上一层楼。

● R-2800型气冷式活塞发动机

性能参数

型号：P47-N

乘员数量：1人

长度：11m

翼展：12.4m

高度：4.4m

机翼面积：29.9m²

空重：4 988kg

最大起飞重量：9 387kg

发动机：R-2800-77

马力：2 800hp

载弹量：1 113kg

最大飞行速度：752km/h

实用升限：13 106m

航程：1 288km

作战半径：400km

续航时间：2.7h

武器：8挺勃朗宁机枪，外挂炸弹及火箭

"雷电"

▶ 先进的发动机注水技术

向气缸内加注易汽化的液体（水或水和其他液体的混合物），用以加大燃气流量，从而在短时间内，大幅度提高发动机的功率，改善飞机的爬升和高空机动性能。

卓越的战绩

据统计，各型P-47"雷电"战斗机在第二次世界大战中，共飞行193.4万小时，战斗出动54.6万架次，消耗燃油2.04亿加仑，发射子弹1.35亿发。空战交换比为1∶4.6。千架出动损失率为7。这些记录在飞机作战史上都是名列前茅的，有的甚至是创先例的。

"喷火"战斗机

　　"喷火"战斗机（简称：喷火）是英国在第二次世界大战中装备的主要单发战斗机，由超级马林公司研制。

　　"喷火"战斗机的综合飞行性能，在第二次世界大战中始终居于世界一流水平。由于喷火的**翼载荷**比较低，因此与常采用"高速接近，一击就跑"战术的德国战斗机格斗时，可通过机动性好的优势夺取攻击主动权。它的优良性能还为英国维护制空权及扭转欧洲战局起到了重要作用。

敦刻尔克大撤退

　　1940年英法联军残部在比利时西临海峡的敦刻尔克地域进行了第二次世界大战中最著名的大撤退。英国人实施该项军事行动的代号为"发电机计划"。

　　在大规模撤退行动中英国及法国利用各种船只撤出了大量的部队，成功挽救了大量的人力。但是英国派驻法国的远征军的所有重型装备都丢弃在了欧洲大陆上，导致英国本土的地面防卫出现严重问题。

　　当时，性能非常优秀的"喷火"由于数量少，原本只用于防守英国本土。直到1940年5月下旬，英法联军危如累卵，金贵的"喷火"终于被派去巡逻法国海岸。它的登场意味着皇家空军亮出了最后的家底。一代名机"喷火"与Me-109的第一回合交锋就是在敦刻尔克空战进行的。据统计，在撤退行动中共有42架"喷火"和29架Me-109被击毁。

"喷火"

性能参数

型号："喷火" Mk.IX

乘员数量：1人

机长：9.10m

翼展：11.20m

高度：3.9m

机翼面积：22.50m²

空重：2 540kg

最大起飞重量：3 397kg

发动机：劳斯莱斯梅林(灰背隼) 66

载弹量：1×500磅（约250kg）炸弹

最大飞行速度：652km/h

实用升限：12 192m

航程：760km

爬升率：23.37m/s

武器：8挺勃朗宁303口径机枪或2门20mm机炮和4挺机枪

值得尊敬的设计师

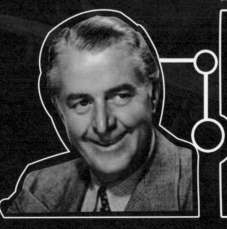

雷金纳德·米切尔（1895年5月20日—1937年6月11日），英国飞机设计师，"喷火"的研制者，生于斯塔福德郡特伦特河畔，未完成中等教育，16岁成为工厂学徒。他通过读夜校自学成才，并转向飞机设计和制造。1916年受雇于休普马林飞机厂，1919年起担任该厂总工程师，以设计一系列飞艇和高速水上飞机在国际比赛中获奖而出名。他后来虽然身患绝症，但在1936年设计出第一架"喷火"战斗机。这种飞机在他生前和死后实际生产了24种改型，并以其完美的气动外形和灵活的机动性闻名，在第二次世界大战中曾发挥重要作用。

Bf-109战斗机

梅塞斯密特Me-109（又叫Bf-109），它是德军在第二次世界大战中的主力战斗机，从战争爆发一直使用到战争结束，参加了德军进行的所有战役。从技术上讲，它达到了活塞式飞机的最高水平，曾创造实用的螺旋桨飞机陆上飞行速度最快的世界纪录。第二次世界大战期间，德军的"闪击战"屡屡得手，其中就有Bf-109的功劳。

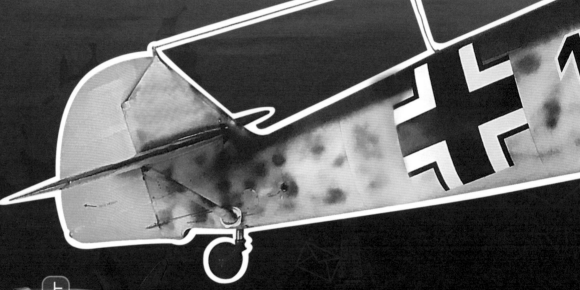

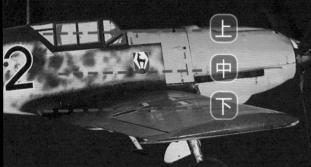

上
中
下

下单翼

下单翼是一种机翼相对机身的布置形式，机翼位置靠下，可以改善飞行员向下的视野，降低起落架高度。

起落架

起落架是位于航空器下部的用于起飞和降落或地面（水面）滑行时支撑航空器并用于地面（水面）移动的附件装置。起落架是唯一一种支撑整架飞机的部件，因此它是飞机不可或缺的一部分，否则飞机便不能在地面（水面）移动。当飞机起飞后，可以根据飞机性能的不同而决定是否收回起落架。为适应飞机起飞、着陆滑跑和地面滑行的需要，起落架的最下端装有带充气轮胎的机轮。为了缩短着陆滑跑距离，机轮上装有刹车或自动刹车装置。此外起落架还包括承力支柱、减震器（常用承力支柱作为减震器外筒）、收放机构、前轮减摆器和转弯操纵机构等。

Bf-109

性能参数

型号：Bf-109 B-1

乘员数量：1人

机长：8.55m

翼展：9.87m

高度：2.6m

机翼面积：16.2m²

最大起飞重量：2 200kg

发动机：Jumo 210D

翼载荷：13 580kgm²

飞机升限：9 000m

极速：470km/h（4 000m高空时）

武器：2挺MG 17（1挺500发子弹）

侧视图　　　　　俯视图　　　　　正视图

MC.205战斗机

MC.205战斗机又称"猎狗"战斗机，在MC.202战斗机的基础上，将发动机换成与Bf-109G战斗机相同的DB605水冷式发动机，飞行性能显著提升，整体飞行性能和Bf-109G旗鼓相当，此外机翼加上MG151机炮，火力大为增强，即使面对英军的"喷火"战斗机也毫不逊色。以往意大利战机难以击落的盟军四发动机重型轰炸机，MC.205也可以对付，因此MC.205是意大利在第二次世界大战当中最厉害的国产战斗机。

DB605水冷式发动机是第二次世界大战期间纳粹德国空军装备的一款发动机，由戴姆勒-奔驰公司研发。

世界闻名的奔驰公司

戴姆勒-奔驰公司是在1926年6月29日由戴姆勒公司和奔驰公司合并而成立的。其中世界闻名的"梅赛德斯-奔驰"品牌就属于戴姆勒-奔驰公司，并且它的由来有着一段有趣的故事。

在戴姆勒和奔驰合并前，奥匈帝国的总领事、商人埃米尔·耶里内克便看中了汽车这一新兴领域，一举购买了戴姆勒汽车公司的36辆汽车，这在当时，相当于戴姆勒汽车公司一年的全部汽车产量；并且他还预先支付了高额的资金。但作为一举购买36辆汽车的条件，艾米尔提出了两点要求：第一就是他要取得戴姆勒汽车公司在奥匈帝国、法国、美国的汽车独家代理销售权；第二就是今后戴姆勒汽车公司生产的全部汽车都要用艾米尔小女儿的名字梅赛德斯来命名。从此以后，戴姆勒汽车公司生产的全部汽车都用梅赛德斯来命名。

在戴姆勒公司和奔驰公司合并后，他们生产的所有汽车便都命名为"梅赛德斯-奔驰"，并且一直沿用至今。

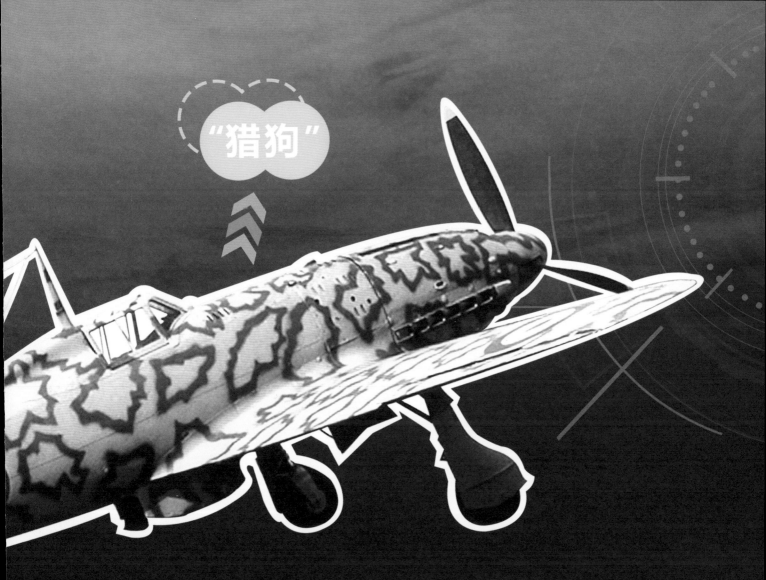

"猎狗"

性能参数

型号：MC.205

乘员数量：1人

机长：8.85m

翼展：10.58m

高度：3.49m

机翼面积：16.82m²

空重：2 524kg

最大起飞重量：3 900kg

发动机：DB-605A（RC-58）

马力：1 475hp

最大飞行速度：640km/h

实用升限：1 150m

航程：950km

作战半径：416km

武器：2x12.7mm & 2x7.7mm

后来改为2x12.7mm & 2x20mm

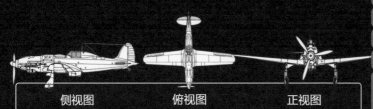

侧视图　　　　俯视图　　　　正视图

零式舰载战斗机

零式舰载战斗机,是第二次世界大战期间日本海军的主力战斗机。它取得了日本航空史上多个第一的成绩,如首次采用全封闭可收放起落架、**电热飞行服**、大口径机关炮、恒速螺旋桨、超硬铝承力构造、大视界座舱和可抛弃的大型副油箱等设备。零式战斗机在1940年正式被日本海军采用,该年正好是日本皇纪2600年,后两个数字刚好是"00",因此称它为零式战斗机,简称零式。

零式

性能参数

型号:零式舰载战斗机二一型

乘员数量:1人

机长:9.06m

翼展:12m

高度:3.5m

空重:1 680kg

最大起飞重量:2 674kg

发动机:荣一二型

马力:950hp

炸弹挂载:30kg炸弹x2或是60kg炸弹x2

最大飞行速度:533Km/h(高度4 200m)

俯冲限制速度:629.7km/h

实用升限:10 000m

航程:3 350km(挂载副油箱)/2 222km(内部燃油)

爬升率:6 000m/7min28s

续航时间:普通满载状态发动机最大出力可续航1h

武器:翼内20mm机炮x 2(携带弹药各60发)
　　　机首7.7mm机枪x 2(携带弹药各700发)

太平洋战争

太平洋战争(1941年12月7日—1945年9月9日),是第二次世界大战的一部分,主要以太平洋和沿岸国家为战场,日本和美国等同盟国家为交战双方,战争爆发自1941年的珍珠港事件。日本空袭美国太平洋基地,美国对日宣战,与日本交战多年的中国也随后宣战,纳粹德国和意大利王国也对美宣战,欧亚两大战场至此合一。1945年日本宣布无条件投降,太平洋战争结束。

| 侧视图 | 俯视图 | 正视图 |

珍珠港事件

1941年12月7日,日本偷袭珍珠港,太平洋战争爆发,这时的日本海军已经拥有超过400架精锐的零式,大多数是二一型。在偷袭珍珠港作战中,零式从航母起飞,为第一波攻击的B5N2九七式鱼雷机和D3A1九九式俯冲轰炸机护航。掌握制空权后,零式开始扫射机场跑道、防空火力点和其他一切目标。零式在空战中击落了4架美国战斗机,还给珍珠港的地面设施造成了极大的破坏。因此可以说是零式战斗机二一型的活跃造就了不败的零式战斗机神话,其明灰色涂装也成为零式战斗机神话的象征。零式也可携带炸弹作为战斗轰炸机使用,有"万能战斗机"之称。

军用飞机

第一代至第五代战斗机

F/A-18 "大黄蜂" 战斗攻击机

F/A-18 "大黄蜂" 战斗攻击机是美国麦道公司（现波音）为美国海军研制的舰载单座双发超音速多用途战斗攻击机，是美国军方第一种兼具战斗机与攻击机身份的飞机。它属于第四代战斗机，具备优秀的对空、对地和对海攻击能力，主要用于航队防空和航载攻击机的护航，也用于执行空对地攻击任务。

战斗机

主要用于与其他飞机进行作战的军用飞机，具有体积小、飞行速度快、机动性强等特点。战斗机又包括歼击机和截击机。攻击机是强击机和战斗轰炸机的统称。

歼击机

主要任务为夺取制空权，通常中低空机动性好，装备中近程空对空导弹，通过中距空中格斗和近距离缠斗击落敌机以获得空中优势，或为己方军用飞机护航。苏-27、F-16、歼-7、歼-10等都属于歼击机。

截击机

主要任务为空中拦截敌方入侵的轰炸机和飞航式导弹的战斗机，高空高速性能好，机动性通常不如歼击机，装备远程空对空导弹或反辐射导弹，可以用远程反辐射导弹攻击远处的敌方预警指挥机。

强击机

主要任务为近距离对地火力支援，其装甲防护优异，速度一般，飞行高度低，机载武器为对地攻击的导弹、炸弹、火箭弹，以攻击地面装甲目标为主，火力强大。苏-25，中国的强5等都是强击机。

战斗轰炸机

主要用于空中攻击地面或对水面目标进行轰炸，并具有一定的空战能力的飞机。它的低空性能好、突防能力强、机载设备完备、载弹量大。其机动性能不如歼击机，进行空战主要是为了自卫。F-105、苏-24和中国的飞豹等都是战斗轰炸机。

"大黄蜂"

性能参数

型号：F/A-18E

乘员数量：1人

机长：18.31m

翼展：13.62m

高度：4.88m

机翼面积：46.45m²

空重：13 900kg

最大起飞重量：29 938kg

发动机：2台F404加力涡扇发动机

最大推力：每台65.3千牛

加力推力：每台98.9千牛

内部载油量：6 530kg

外部载油量：7 430Kg

实用升限：15 000m

航程：2 346km

爬升率：254m/s

续航时间：2.5h

作战半径：722km

最大飞行速度：1 814km/h

限制过载：7.6G

翼载荷：459kg/m²

武器：2门M61机炮，各备弹600发

　　　AIM-7"麻雀"空对空导弹

　　　AIM-9"响尾蛇"空对空导弹

　　　激光制导炸弹和AGM-88"哈姆"反雷达导弹

　　　AIM-120"阿姆拉姆"空对空导弹、电子吊舱四组

　　　ALE-47火焰弹与红外干扰曳光弹。

F-35 "闪电Ⅱ" 联合攻击战斗机

　　洛克希德·马丁F-35 "闪电Ⅱ" 联合攻击战斗机属于第五代战斗机，具备高水平的隐身设计及先进的综合航电系统。综合的航电设备与传感器融合可以结合从机载与非机载的感应器得到的讯息。这样还可以提高驾驶员的状况感知度、目标识别与武器投射等能力。F-35主要用于前线支援、目标轰炸、防空截击等多种任务，共有A、B、C三个类型。F-35B是世界上最大的单发单座舰载战斗机和世界上唯一一种已服役的舰载第五代战斗机。

战斗机代数怎么划分
　　目前划分战斗机的代数是按照性能来划分的，按照俄罗斯标准，从喷气式飞机的出现开始划分，共分为五代。

第一代战斗机
　　于20世纪40年代末50年代初问世，代表机型有苏联的米格-15。这一代战斗机以大口径航空机枪（炮）为武器，可在跨声速区进行近距离空战格斗。

第二代战斗机
　　主要是指20世纪50年代至60年代研制的战斗机，典型机型如美国洛克希德F-104 "战星"式。由于采用了许多新技术，这时的战斗机作战能力有了大幅提高。

第三代战斗机
　　是20世纪60年代后出现的战斗机，其特色为应用第三代航空发动机、中低空灵活性高、配备先进雷达设备、加强导弹应用等。典型机型为MiG-25。

第四代战斗机
　　是在20世纪70年代陆续开始服役的。它的设计总结了第三代战斗机设计与使用上的经验，以及诸多空中冲突与演习显示出来的问题和需求，采用边条翼、放宽静稳定度、电传飞控、高推重比涡扇发动机等技术，如法国的幻影2000。

第五代战斗机
　　依照军事上对喷气式战斗机的划代标准，第五代战斗机是目前世界现役机种中最先进的一代战斗机。它的性能特点一般可以用 "4S" 来概括。"4S" 即隐形、超音速巡航能力、超机动能力、超级信息优势。我国的歼-20属于第五代战斗机。

"闪电Ⅱ"

性能参数

型号：F-35A

乘员数量：1人

机长：15.4m

翼展：10.7m

高度：4.33m

机翼面积：42.7m²

空重：13 200kg

最大起飞重量：31 800kg

发动机：1×普惠F135涡扇发动机

推力：125千牛（净推力）

191千牛（后燃器开启）

最大升限：18 300m

航程：大于2 220km

续航时间：2.5h

最大飞行速度：马赫数1.6

翼载荷：526kg/m²

作战半径：1 160km

武器　：1具GAU-22/A平衡者机炮25mm机炮

"JDAM"联合直接攻击弹药

"JSOW"联合远距攻击武器

B61战术核子弹

LOCKHEED MARTIN 洛克希德·马丁公司

　　洛克希德·马丁公司，全称洛克希德·马丁空间系统公司，前身是洛克西德公司，创建于1912年，是一家美国航空航天制造商。公司在1995年与马丁·玛丽埃塔公司合并，并更名为洛克希德·马丁公司。目前公司总部位于马里兰州蒙哥马利县的贝塞斯达。在2015年年度全球军工百强企业排行榜上，洛克希德·马丁公司保持世界第一武器生产商的地位。

苏-27战斗机

苏-27战斗机是苏联苏霍伊设计局（现属于俄罗斯航空制造集团联合体）研制的单座双发全天候空中优势重型战斗机，主要任务是国土防空、护航、海上巡逻等。

苏-27战斗机采用翼身融合体技术，悬臂式中单翼，翼根处有光滑弯曲前伸的边条翼，双垂尾正常式布局，楔型进气道位于翼身融合体的前下方，具有很好的气动性能。进气道底部及侧壁有栅型辅助门，以防起落时吸入异物。全金属半硬壳式机身，机头略向下垂，大量采用钛合金，传统三梁式机翼。

苏霍伊飞机实验设计局

简称苏霍伊设计局，于1939年组建，以设计战斗机、客机、轰炸机闻名于世。首任总设计师是帕维尔·奥西波维奇·苏霍伊。

苏-27

俯视图　　　　正视图　　　　侧视图

苏霍伊设计局的创始人

帕维尔·奥西波维奇·苏霍伊（1895年7月22日—1975年9月15日），是苏联最有成就的飞机设计师之一，苏霍伊设计局的创始人。他担任总设计师达33年之久，一生共主持设计了50多种新飞机，其中34种进行了试飞，为苏联航空事业的发展作出了巨大的贡献。他两次获得"社会主义劳动英雄"称号，曾被选为苏联最高苏维埃第5~8届会议代表，是国家奖金和列宁奖金的获得者，并多次获得勋章和奖章。

翼身融合（缩写BWB）

是一种飞机布局形式。它将传统的机身与机翼结构融合，变成类似飞翼的外型。这样可使飞机的气动效率及燃油经济性提升。

中单翼

根据机翼安装在机身上的部位把飞机分为上、中、下单翼飞机。机翼安装在机身中部的为中单翼。

边条翼

它可改善机翼在大迎角时的气动特性，特别是升力特性。

双垂尾

飞机中的双垂尾指两个垂直尾翼。

进气道

喷气发动机工作时所需气流的进口和通道。

性能参数

型号：苏-27

乘员数量：1人

机长：21.49m

翼展：14.7m

高度：5.932m

空重：17 450kg

最大起飞重量：33 000kg

发动机：AL-31F涡轮风扇发动机x2

最大推力：单台123.85千牛

载油量：9 400kg

最大平飞行速度（高空）：2 880km/h

实用升限：18 000m

航程：3 790km

作战半径：1 500km

最大武器载荷：7 000kg

起飞滑跑距离：500m

武器：R-27红外空空导弹

R-73中程空空导弹

R-77空空导弹

那些英雄事迹

2013年3月31日，中国空军一架战斗机在山东荣成海域坠毁，坠毁机型为苏-27，两名驾驶员当场牺牲。据现场目击者观测，苏-27坠机地点位于荣成市南部的长会口大桥(跨海大桥)附近的沙滩上。飞行员当时或因怕飞机撞上大桥及附近民居，暂未弹射。从坠机现场可以判断，地点已经靠近沿海沙滩，飞行员极有可能是有意将飞机开到沿海的人少地带才弹射的。中国空军官兵对2名在飞行训练中不幸牺牲的战友深表哀悼，表示要化悲痛为力量，坚持从难从严训练，忠实履行使命，不负祖国和人民期望。

苏-33战斗机

苏-33是苏联苏霍伊设计局在苏-27的基础上为俄罗斯海军研制的单座双发舰载战斗机。苏-33在战斗机代数划分上属于第四代战斗机型。苏-33继承了苏-27家族优异的气动布局，实现了机翼折叠，新设计了增升装置、起落装置和着舰钩等系统，使得飞机在保持优良的作战使用性能的条件下，达到了着舰要求。

米高扬设计局

原称为米高扬-格列维奇设计局，是俄罗斯主要的飞机设计及制造商，由阿尔乔姆·米高扬和米哈伊尔·古列维奇建立于1939年12月8日。

2006年，俄罗斯政府将米高扬、苏霍伊、伊柳辛、伊尔库特和图波列夫合并成立新的"联合航空制造公司"。

设计师米高扬

阿尔乔姆·伊万诺维奇·米高扬（1905年8月5日—1970年12月9日），生于亚美尼亚的萨那茵，苏联科学院院士，苏联航空器设计师，苏联现代航空业导师，米格设计局奠基人，社会主义劳动英雄、列宁勋章获得者、红旗勋章获得者、卫国战争勋章获得者、红星勋章获得者、列宁奖获得者、斯大林奖获得者。

苏-33

性能参数

型号：苏-33

乘员：1人

长度：21.19m

翼展：14.7m（折叠后为7.4m）

高度：5.93m

机翼面积：67.84m²

动力系统：2×AL-31F加力发动机

最大飞行速度：2 300km/h

实用升限：17 000m

航程：3 000km

作战半径：1 100km

爬升率：246m/s

限制过载：8G

空对空导弹：R-27R1（ER1）、

R-27T1（ET1）、P-73E

火箭弹：C-8KOM、C-8OM、C-8БM、C-13T、

C-13OF、C-25-OFM-PU

炸弹：50kg、100kg、250kg、500kg级别

集束炸弹：RBK-500

外挂架：12个

机炮：1门30mm机炮

当年的那些荣誉

"社会主义劳动英雄"称号：

即镰刀锤子奖章，由苏联最高苏维埃主席团在1938年设立，获得者是对苏联工业、农业、交通、贸易、科学和科技的发展做出贡献，并能展示苏联的威武和光荣的苏联公民。

红旗勋章

是苏俄的第一个勋章，是根据全俄中央执行委员会1918年9月16日发布的命令设立的，授予直接参加战斗而且表现特别英勇的俄罗斯联邦的公民。红旗勋章是苏联最普遍的勋章，几乎立过战功的个人和部队都获得过这种勋章。

"狂风"战斗机

　　"狂风"战斗机（简称：狂风）是帕那维亚飞机公司（英国、德国及意大利联合成立）研制的双座双发超音速变后掠翼战斗机，主要用于近距离空中支援、战场遮断、截击、防空、对海攻击、电子对抗和侦察等，是为适应北约组织对付突发事件的"灵活反应"战略思想而研制的，主要用来代替F-4、F-104、"火神""掠夺者"等战斗机和轰炸机，执行截击、攻击等常规作战任务。

变后掠翼

　　机翼后掠角在飞行中可以改变的机翼称为变后掠翼。

　　变后掠翼是20世纪50年代以后出现的一项新技术。它的基本设计思想是让机翼前后转动，以改变后掠角大小，使飞机同时兼顾高速和低速飞行的气动要求，扩大飞行速度范围。

"狂风"战斗机的研制背景

　　"狂风"的研制是冷战中欧洲军事对峙对航空打击力量的需求促成的，因为东西方依靠大规模部署核武器在欧洲形成了"恐怖的平衡"，核武器毁灭性的作用使核战争成为最后的战争手段，所以常规作战又重新成为各国军事决策单位重视的作战方法。战略上的变化使欧洲各国的空军部队迫切需要提高现役装备的技术水平，尤其是对具备纵深打击能力的高性能战术攻击机的需求最为迫切。

对"狂风"的评价

"狂风"是英国、德国和意大利共同投资发展的双座、双发变后掠翼超音速战斗机,它使欧洲国家第一次拥有了可以和美、苏相似的战术空中打击力量。"狂风"的发展过程不但是作战飞机国际合作的成功典范,也是欧洲国家联合发展高性能作战飞机的重要里程碑。

"狂风" GR.4

性能参数

型号:"狂风" GR.4型

乘员数量:2人

机长:16.72m

翼展:13.91m(全展开,后掠角25°)

8.60 m(全后掠,后掠角67°)

机身高度:5.95m

机翼面积:26.6m²

空重:13 890kg

最大起飞重量:28 000kg

发动机:2×RB199-34R Mk 103涡轮风扇后燃式

推力:最大推力2×43.8千牛 加力推力2×76.8千牛

载油量:4 650kg(对地攻击型)5 250kg(防空型)

载弹量:9 000kg(对地攻击型)8 500kg(防空型)

最大飞行速度:2 400 km/h

实用升限:15 240m

航程:3 890km

爬升率:76.7m/s

翼载荷:1 052.6kg/m²

推重比:0.56

限制过载:+7.5g(+4.0g,快速滚转)

续航时间:2h(距基地560~740km,含10分钟战斗时间)

武器:2门27mm"毛瑟"机炮7个外挂架,机身下3个,每侧翼下2个"响尾蛇""天空闪光""麻雀"等各种空空导弹AS.30等型号空地导弹

军用飞机

直升机

AH-1 "眼镜蛇" 直升机

　　AH-1 "眼镜蛇" 直升机，是由贝尔直升机公司于20世纪60年代中期为美国陆军研制的专用反坦克武装直升机，也是当时世界上第一种反坦克直升机。由于其飞行与作战性能好、火力强，被许多国家采用，几经改型并经久不衰。AH-1W直升机可灵活装载不同武器（能发射 "陶" 式、"地狱火" 两种导弹）还有70毫米火箭巢和一挺M197机载航炮，不过 "陶" 式导弹基本退役，主要使用攻击地面装甲目标的 "地狱火" 导弹。AH-1F直升机在执行昼间武装侦察任务和安全巡逻任务方面非常有用。

直升机都有哪些类型？

　　单旋翼带尾桨：一个水平旋翼负责提供升力，尾部一个小型垂直旋翼（尾桨）负责抵消旋翼产生的反扭矩。例如，欧洲直升机公司制造的EC-135直升机。

　　单旋翼无尾桨：一个水平旋翼负责提供升力，机身尾部侧面有空气排出，与旋翼的下洗气流相互作用产生侧向力来抵消旋翼产生的反扭矩。例如，美国麦道直升机公司生产的MD520N直升机。

历史事件

　　海湾战争（1991年1月17日—1991年2月28日），是以美国为首的多国部队在联合国安理会授权下，为恢复科威特领土完整而对伊拉克进行的局部战争，同时也是人类战争史上现代化程度最高、使用新式武器最多、投入军费最多的一场战争。

　　海湾战争主要战斗包括历时42天的空袭，在伊拉克、科威特和沙特阿拉伯边境地带展开的历时100小时的陆战。多国部队以较小的代价取得决定性胜利，重创伊拉克军队。伊拉克最终接受联合国660号决议，并从科威特撤军。

　　海湾战争对冷战后国际新秩序的建立产生了深刻影响，同时，它所展示的现代高科技条件下作战的新情况和新特点，给军事战略、战役战术和军队建设等问题带来了众多启示。

"眼镜蛇"

性能参数

型号：AH-1 "眼镜蛇"

乘员数量：2人

机长：13.6m

旋翼直径：13.41m

机高：4.1m

空重：2 993kg

最大起飞重量：4 500kg

发动机：1×AVCO Lycoming T53-L-703
涡轮轴发动机1 300kW

最大飞行速度：277km/h

实用升限：3 720m

航程：510km

爬升率：8.2m/s

武器：M197、3管20mm "加特林式" 机炮、
2.75mm（70mm）火箭弹(14枚火箭弹和
"陶"式导弹)，左右各一个挂架，每个上可搭
载2具导弹发射器，其中可装载共4枚或8枚导弹

俯视图　　　正视图　　　侧视图

AH-64 "阿帕奇"式武装直升机

AH-64 "阿帕奇"式武装直升机是现美国陆军主力武装直升机，为AH-1 "眼镜蛇"攻击直升机后继型号。AH-64以其卓越的性能、优异的实战表现，自诞生之日起，一直是世界上武装直升机综合排行榜第一名。它具备强大的反装甲、反坦克能力，被尊称为"坦克终结者"。AH-64的机体前段以塑钢强化的多梁式不锈钢结构制造，后段则使用塑钢蒙皮的蜂巢结构，机体能承受12.7mm弹药及少量23mm弹药的攻击，主旋翼杆亦能承受12.7mm穿甲弹及少量23mm高爆弹的直接命中，而发动机的减速齿轮箱在遭到击穿、润滑油完全流失的情况下，可以继续运作30分钟，让飞行员有时间驾机脱离战场或迫降。一架AH-64最多能挂载16枚地狱火导弹，理论上每次出击最多能消灭16辆坦克。

"阿帕奇"

强大的反坦克导弹

AGM-114反坦克导弹（绰号："地狱火"）是由美国洛克威尔国际公司为美国陆军研制的反坦克导弹。它最初是专门为"阿帕奇"武装直升机设计的空对地导弹，主要用来对付敌方坦克及其他装甲单位。

AGM-114反坦克导弹，是一种能从海、陆、空中发射的、攻击海上或陆地上装甲机动目标的导弹，有多种改进型号在役，具有发射距离远、精度高、威力大等优势，采用激光制导，抗干扰能力强，不需目标照射保障。

阿富汗战争

2001年9月11日，以恐怖分子奥萨马·本·拉登为首的恐怖集团"基地"组织对美国发动史无前例的大规模恐怖攻击，以劫持大型客机冲撞的方式彻底摧毁了纽约市著名的世界贸易中心双子大楼，并撞毁了五角大厦的一隅。接着，美国使将报复的矛头转向素来庇护"基地"组织的阿富汗塔利班组织，在2002年3月对阿富汗发动"持久自由行动"，AH-64A也参与了这场反恐之战。

直升机的分类——双旋翼式

共轴式

共轴式的两个旋翼上下排列，在同一个轴线上反向旋转。例如，苏联卡莫夫设计局研制的卡-50武装直升机。

交叉式

交叉式的两个旋翼左右横向排列，旋翼轴间隔较小，并且不平行，旋转方向相反。例如，卡曼宇航公司研制的K-MAX起重直升机。

性能参数

型号：AH-64A

乘员数量：2人

机长：17.76m

旋翼直径：14.63m

机高：4.95m

旋翼面积：168.11m²

空重：5 165kg

最大起飞重量：10 433kg

发动机：2×T-700-GE-701发动机

输出：1 510/1 723轴马力×2

最大飞行速度：365km/h

实用升限：6 400m

航程：1 900km

作战半径：480km

爬升率：12.7m/s

翼载荷：526kg/m²

武器：4个外挂点，最多可挂载16枚地狱火导弹
1×30mm（1.18英寸）M-203链炮1,200发

CH-47 "支奴干" 直升机

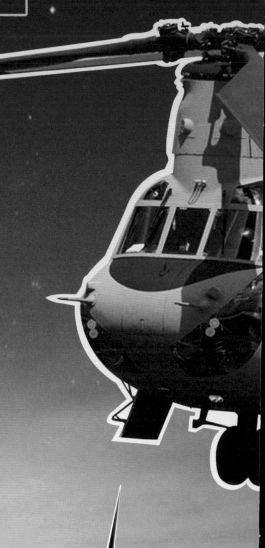

CH-47 "支奴干" 直升机是一种由美国波音公司制造的多功能、双发、双旋翼、**全天候**运输直升机，其双旋翼采用纵列布局。该型直升机于1956年研制，CH-47A型于1963年开始作为美军的装备，后又发展了B、C、D型。其纵列式双旋翼结构无须一般直升机的尾桨，而且时速高达165英里。其首要任务是部队运输和战场补给。CH-47已经被外销往16个国家，最大的用户是美军和英国的皇家空军。"支奴干"可搭载加特林机枪，还可以运送军事车辆和坦克。

截至2012年，CH-47是美军服役的直升机当中载重量最高的型号之一。

纵列式双旋翼有什么不同？

这种结构的直升机的突出优点是纵向重心范围大，因此可以将机身设计得比较庞大。它比较适合用于中型和大型直升机上。纵列式双旋翼直升机的明显缺点是结构复杂。

纵列式双旋翼的缺点：
① 结构复杂；
② 俯仰惯量大；
③ 前后旋翼存在气动干扰。

直升机分类——双旋翼式

纵列式：
两个旋翼前后纵向排列，旋转方向相反。例如，美国波音公司制造的CH-47 "支努干" 运输直升机。

横列式：
两个旋翼左右横向排列，旋翼轴间隔较远，旋转方向相反。例如，苏联米里设计局研制的Mi-12直升机。

"支奴干"

俯视图　　正视图　　侧视图

性能参数

型号：CH-47F型

乘员：3人（飞行员、副驾驶、
　　　飞行工程师）

长度：30.1m（含旋翼）

旋翼直径：18.3m

高度：5.7m

旋翼面积：260m²

空重：10 158kg

最大起飞重量：22 680kg

动力系统：2×Lycoming
　　　　　T55-GA-714 涡轮轴
　　　　　发动机每台2 800kW

最大飞行速度：315km/h

实用升限：5 640m

航程：2 060km

作战半径：370km

爬升率：10.1m/s

军用飞机

无人机

"掠夺者" 无人侦察机

"掠夺者"无人侦察机（简称："掠夺者"）是美国空军使用的无人驾驶侦察机，也是美军目前一种重要的远程中高空监视侦察系统，主要用于战场侦察和监控。机上装有合成孔径雷达、电视摄影机和前视红外装置，其获得的各种侦察影像，可以通过卫星通信系统实时向前线指挥官或后方指挥部门传送。"掠夺者"的缺点：速度慢、高度不高、生存能力差。

无人机是什么时候出现的？

在20世纪20年代，第一次世界大战正进行得如火如荼，英国的卡德尔和皮切尔两位将军，向英国军事航空学会提出了一项建议：研制一种不用人驾驶，而用无线电操纵的小型飞机，使它能够飞到敌方某一目标区上空，将事先装在小飞机上的炸弹投下去。这种大胆的设想立即获得赞同，并进行了研制。

"掠夺者"

无人机都有哪几类?

军用无人机:军用无人机有结构精巧、隐蔽性强、使用方便、无人员伤亡、造价低廉和性能机动灵活的优点。

侦察无人机:进行战略、战役和战术侦察,监视战场,为部队的作战行动提供情报。

诱饵无人机:诱使敌方雷达等电子侦察设备开机,获取有关信息;模拟显示假目标,引诱敌方防空兵器射击,吸引敌方火力,掩护己方机群突防。

电子对抗无人机:对敌方飞机、指挥通信系统、地面雷达和各种电子设备实施侦察与干扰。

无人攻击机:攻击地面和海上目标。

无人战斗机:对地攻击,空战。

性能参数

型号:RQ-1

机长:8.22m

翼高:2.1m

翼展:14.8m

总重:1 020kg

空重:431kg

负载:204.1kg

载油:302kg

实用升限:7 620m

巡航速度:118km

最大速度:224km

最大航程:726km

续航时间:40h

"全球鹰"无人侦察机

"全球鹰"无人侦察机（简称：全球鹰）是一种自动高空远程监视侦察飞行器，服役于美国空军。它的装备有高分辨率合成孔径雷达，可以穿透云层和风沙的光电红外线传感器，提供远程、长时间、全区域的动态监视。

"全球鹰"的机载燃料超过7吨，飞行距离远，可以完成跨洲际飞行。可在距起飞机场5 556千米的范围内活动，可在目标区上空18 288米处停留24小时，以便在有效时间内不间断地进行监视。

民用无人机

航拍摄影无人机：应用在广告、影视、婚礼视频记录等领域。

电力巡检无人机：由于无人机巡视具有不受高度限制、巡视灵活、拍照方便和角度全面的优点，在电力巡查中应用广泛。

新闻报道无人机：配备摄像头，用于新闻报道。

保护野生动物无人机：为保护濒危物种提供关键数据，在非洲广泛使用。经过改良的无人机还能够被应用于反偷猎巡逻。

环境监测无人机：环保部门开始使用无人机航拍，对钢铁、焦化、电力等重点企业排污、脱硫设施运行等情况进行直接检查。

快递送货无人机：使用无人机将快递给到客户手里。

提供网络服务无人机：在高空中的无人机可提供每秒高达1GB的网络接入服务。

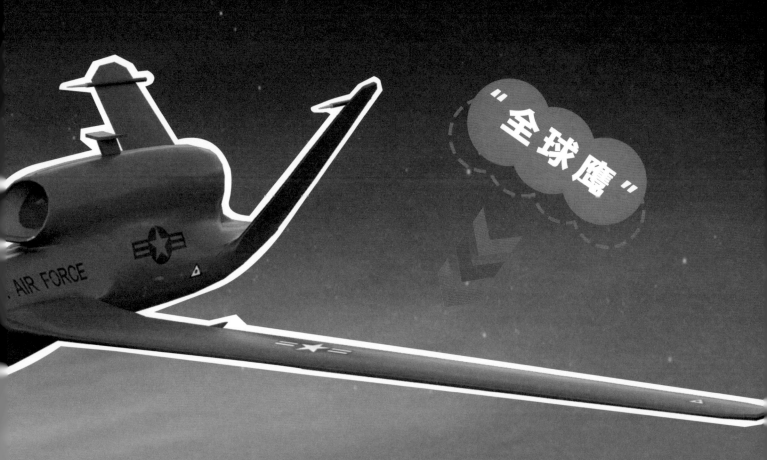

"全球鹰"

性能参数

型号："全球鹰"

机长：13.5m

高度：4.62 m

翼展：35.4m

空重：3 850kg

载重：1 400kg

发动机：1×AE3007H涡轮风扇发动机

航程：25 000km

实用升限：20 000m

最大起飞重量：11 622kg

最大飞行速度：644km/h

有效载荷：900kg

巡航速度：635km/h

续航时间：42h

X-47B无人机

X-47B无人机是人类历史上第一架无须人工干预、完全由电脑操纵的无尾翼、喷气式无人驾驶飞机，也是第一架能够从航空母舰上起飞并自行着舰的隐形无人攻击机。其外翼由铝合金部件和碳纤维环氧复合材料蒙皮组成，尺寸大约为16英尺×4英尺（4.88米×1.22米）。机翼装有副翼，并拥有高度集成的电子设备和液压管路。该机翼还能够折叠，这样可以使飞机在舰上占用更小的空间。

X-47B无人机具备高度自动化的作战系统，可执行全天候的作战任务，并具备良好的隐身性能和战场生存能力。该型无人机还能够进行空中加油，以提高战场覆盖能力和更好地进行远程飞行。

什么是航空母舰？

航空母舰简称航母，是一种以舰载机为主要武器的大型水面舰艇，可以供舰载机起飞和降落。它通常拥有巨大的飞行甲板和舰岛，舰岛大多位于右舷。航空母舰是世界上最庞大、最复杂、威力最强的武器之一，是一个国家综合国力的象征。

舰载机指的是什么？

舰载机是指在航空母舰上起降的飞机，其性能决定航空母舰的战斗力，舰载机数量越多者实力也相对越强。航空母舰本身是为了方便飞机起降、维修及使其能长期作战而存在的。

X-47B

舰岛为什么在右舷？

舰岛一般坐落于左右其中一侧，而现代航母上的舰岛大多建立在右侧。

当飞行员在遇到危险时，其本能动作是向左急转，舰岛设在右侧可以避免飞行员在降落过程中遇险撞上去。左行的最大优点来自人类的一个避害本能：人类在快速运动的情况下，仕发现前方有危险时，会本能地向左倾斜或转向，以保护心脏的位置。

性能参数

型号：X-47B无人机

乘员：无乘员（半独立操作）

机长：11.63m

翼展：18.92m/折叠时9.4m

高度：3.10m

空重：6 350kg

最大起飞重量：20 215kg

发动机：1×Pratt & Whitney F100-220U 涡扇发动机

巡航速度：马赫数0.9+（高亚音速）

飞行时间：6h

航程：3 889+km

作战半径：800nm

实用升限：12 190m

载弹量：两枚2 000磅级的JDAM

武器：2个武器舱，可携带最多4 500 lb（2 000kg）弹药

"神经元" 无人机

欧洲无人机 "神经元" 的设计由法国领导，瑞典、意大利、西班牙、瑞士和希腊参与。它可以在不接受任何指令的情况下独立完成飞行，并在复杂飞行环境中进行自我校正。该机具有低可探测性，采用飞翼布局，大量使用复合材料，安装2个内部武器舱，携带数据中继设备，并可装备1台雷达。

在作战性能方面，"神经元" 无人机能自动向地面指挥控制站发送武器投放请求，获批后能以隐身模式自动投射弹药。其智能化程度高，具有自动捕获和自主识别目标的能力，同时可由指挥机控制，一架 "阵风" 战斗机可控制4~5架 "神经元" 无人机。

飞翼布局有什么特点？

飞翼布局是既没有平尾又没有垂尾的全无尾的布局，没有确定的机身、乘员、设备和有效载荷都置于机翼里，飞翼布局属于融合体布局。

早在第二次世界大战期间，美国和德国就开始研究飞翼布局的飞机。现代采用飞翼布局的最新式飞机就是大名鼎鼎的美国B-2隐身轰炸机。由于飞翼布局没有了水平尾翼和垂直尾翼，就像是一片飘在空中的树叶，所以雷达反射波很弱，据说B-2飞机在雷达上的反射面积只有同类大小飞机的1/100。

"神经元"

什么是低可探测性？

就是隐身技术。它是改变武器装备等目标的可探测信息特征，使敌方探测系统难以发现或发现距离缩短的综合性技术。作为一门交叉性学科，它综合了诸如**流体力学**、材料学、电子学、光学、声学等众多领域的技术，是第二次世界大战以来新出现的重大军事技术之一。

性能参数

型号："神经元"无人机

机长：约10m

翼展：约12m

最大升限：10 000m

最大速度：0.7~0.8倍音速

最大飞行高度：13 000m

最大起飞重量：5~6t

载弹量：400kg

发动机：阿杜尔951涡扇发动机

航程：800km

武器：激光制导或GPS制导炸弹

军用飞机

中国的战斗机

歼-8战斗机

歼-8战斗机（中国代号：J-8），是中国沈阳飞机设计研究所在20世纪60年代开始设计研制的双发高空高速截击战斗机。机上装备一门23毫米双管机炮，全机7个外挂点。它属于第三代战斗机，也被称为世界上最后一种第三代战斗机，是中国空军和海军航空兵20世纪80年代至21世纪初主力战斗机机种之一。

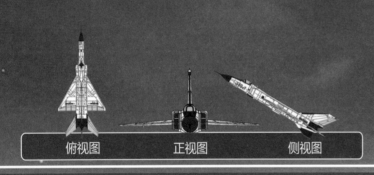

俯视图　　　　正视图　　　　侧视图

总体评价

1985年11月，歼-8战斗机获中国国家级科技进步奖特等奖。1981年，顾诵芬被任命为歼-8Ⅱ的总设计师，他利用系统工程管理方法，把飞机各专业系统技术融合在一个总体优化的机型内，于1983年投入试制，1984年6月12日首飞成功。2000年歼-8Ⅱ战斗机获中国国家科技进步奖一等奖。由于对歼-8系列飞机的重大贡献，顾诵芬被誉为"歼-8之父"。

自从1980年服役以来，歼-8相继延伸出歼-8白天型、全天型、歼-8Ⅱ等多个系列机型。特别歼-8Ⅱ型飞机，是中国空军和海军航空兵20世纪80年代至21世纪初主力战斗机种之一。在30多年的漫长服役岁月里，歼-8不仅准备对抗IDF、F-14、F-2和F-15等各型战斗机，就是面对"猛禽"F-22，它也有实力上去缠斗一番。在中国空军的武器装备还并不强大的年代，歼-8捍卫着中国的蓝天。歼-8Ⅱ战斗机是中国曾经的主力战斗机，直到现在，虽然中国已经装备了歼-10、歼-11等战斗机，但仍然有一定数量的歼-8Ⅱ战斗机在巡航值班，捍卫蓝天。

J-8

沈阳飞机工业集团有限公司

　　沈阳飞机工业集团有限公司，简称沈飞，隶属于中国航空工业集团公司，是以航空产品制造为主业，集科研、生产、试验、试飞为一体的大型现代化飞机制造企业，是中国重要歼击机研制生产基地。

　　沈飞集团公司共研制多种型号数千架歼击机，创造了中国航空史上一个又一个第一，为中国航空武器装备的发展做出了重大贡献，被誉为"中国歼击机的摇篮"。毛泽东、邓小平、江泽民、胡锦涛等党和国家几代领导人都曾亲临沈飞视察，对沈飞的发展给予了高度重视和关怀。

歼-10战斗机

歼-10战斗机（北约代号："火鸟"），是中国中航工业集团成都飞机研究所从20世纪80年代末开始自主研制的单座单发第四代战斗机。该机采用大推力涡扇发动机和鸭式气动布局，是中型、多功能、超音速、全天候空中优势战斗机。中国空军赋予其编号为歼-10，对外称J-10或称F-10。

"火鸟"

中国航空工业集团公司

中国航空工业集团公司，是中国国家出资设立的国有大型企业。

中国航空工业集团公司设有航空装备、运输机、发动机、直升机、机载设备与系统、通用飞机、航空研究、飞行试验、贸易物流、资产管理、金融、工程建设、汽车等产业板块。

2009年中国航空工业集团公司首次申报并成功入选美国《财富》杂志世界500强企业，排名第426位，成为首家入选的中国军工企业。2016年中国航空工业集团公司第八次入围《财富》世界500强企业，排名跃升至第143位。

性能参数

型号：歼10

乘员数量：1人

机长：16.43m

翼展：9.75m

高度：5.43m

机翼面积：33.1m²

空重：9 750kg

最大起飞重量：19 277kg

发动机：AL-31FN(俄)

加力推力：122.58千牛

最大飞行速度：马赫数2.2

实用升限：17 000m

航程：3 900km(带三个外挂副油箱，无武装)

作战半径：1 250km（无副油箱）

爬升率：300m/s

翼载荷：290kg/m²

起飞滑跑距离：350m

着陆滑跑距离：400~650m

武器：空对空导弹:PL-5E、PL-8、PL-9、
　　　PL-11、PL-12

　　　空对地导弹:PJ-9YJ-9K

　　　激光导引炸弹（雷霆LT-2）、滑翔炸
　　　弹（雷石LS-6）、反跑道炸弹(200A)
　　　或传统炸弹90mm 无导引对地火箭弹
　　　舱

　　　1×23mm口径双管机炮

自主研发歼-10

　　歼-101001号原型机1994年开始建造，1998年3月23日首飞（已送至航空博物馆展出），依照惯例02号原型机用于地面测试。1999年12月歼-10开始在西安阎良试飞院进行飞行测试。2002年6月首架装备俄制发动机的歼-10开始小批量生产并首飞。中国官方公布2003年歼-10生产型正式交付。2003年12月歼-10双座型号原型机首飞（双座型原型机已送至航空博物馆展出）。

歼-20战斗机

歼-20战斗机（北约代号："火焰獠牙"）是中国成都飞机设计研究所为中国人民解放军研制的最新一代（欧美旧标准为第四代，新标准及俄罗斯标准为第五代）双发重型隐形战斗机，用于接替歼-10、歼-11等第四代空中优势战机。该机将担负中国未来对空、对海的主权维护任务。

歼-20机头、机身呈菱形，垂直尾翼向外倾斜，起落架舱门为锯齿边设计，机身以深黑色涂装，而歼-20（2011号及以后）采用类似于F22的高亮银灰色涂装。侧弹舱采用创新结构，可将导弹发射挂架预先封闭于外侧，同时配备中国国内最先进的新型格斗导弹。

歼击机的重要基地

成都飞机工业公司简称成飞，是中国飞机制造的重要组成部分，是中国航空工业集团公司直属特大型企业，是我国研制、生产歼击机的重要基地,具有研制新一代战斗机的能力。

成飞原名成都峨眉机械厂，代号"国营132厂"，始建于1958年，1998年改制为成都飞机工业（集团）有限责任公司,公司坐落于成都市西郊黄田坝，拥有综合性机场和专用公路、铁路货运线，紧邻成都火车货运西站，交通运输十分便利，地理位置得天独厚。

研制背景

　　歼-20首架原型机于2010年10月14日完成组装，2010年11月4日进行首次滑跑试验。2011年1月11日12时50分，歼-20在成都实现首飞，历时18分钟。2014年7月16日，最新一架编号为2012的国产隐形战斗机歼-20进行了地面滑行测试。歼-20是中国现代空中力量的代表作，也进入了世界最先进的第五代战斗机行列，它是中国国防能力高速发展的一个象征。

性能参数（估计）

型号：歼-20

乘员：1人

长度：20.3m

翼展：12.88m

高度：4.45m

机翼面积：约73m²（不包括主翼前边条）

空重：19 391kg

最大起飞重量：37 000kg

发动机：WS-15　155千牛(加力推力)×2

　　　　WS-10B 140千牛(加力推力)×2

最大飞行速度：马赫数2.5

实用升限：20 000m

航程：4 500~5 000km

作战半径：1 500~2 000km

限制过载：+9G/-3G

远程空对空导弹：霹雳-21

中程空对空导弹：霹雳-12D/霹雳-15

近程空对空格斗导弹：霹雳-10

精确制导滑翔炸弹：雷石-6

机炮：GSh-301单管转膛航空机炮

雷达反射面积：0.01~0.05m²

轰-6轰炸机

轰-6轰炸机（代号：H-6），是中航工业西安飞机工业（集团）有限公司在20世纪50年代末，参照苏联Tu-16中型喷气轰炸机研制的。其采用两台涡轮喷气发动机，后掠翼型。驾驶舱内两名飞行员均有独立的操纵系统，操纵系统分硬式操纵和混合式操纵。每位机组成员均有弹射座椅，应急情况下，两名飞行员向上弹射，其余人员向下弹射。但是应指出的是，该套弹射救生系统不够完善，救生概率很低，特别是向下弹射的机组乘员基本上没有生还的希望。机上配有两个充气救生艇。

H-6

研制背景

中国空军成立之初，考虑到部分国土尚未解放，为支援地面部队的作战行动，利用引进的苏联的轰炸机组建了轰炸航空兵。轰炸航空兵组建不久就参加了解放一江山岛的三军联合作战行动，不久又挥军入藏配合地面部队平息叛乱，捍卫了国家统一和领土完整。随着航空技术的发展，中国空军认为苏制螺旋桨轰炸机已不能适应现代战争的要求，所以着手引进喷气式轰炸机。

1958年中国与苏联签署引Tu-16型轰炸机及生产许可的协议，但因为国民经济暂时困难，工程放缓。1959年中国开始仿制，后一度终止。1964年3月恢复研制。第一架轰-6原型机于1966年10月完成，用于静力试验。1968年12月24日，采用国产涡喷-8发动机的轰-6首飞成功，1969年轰-6批量投产。

性能参数

型号	轰-6
乘员	4人
翼展	32.3m
机长	34.8m
机高	9.85m
机翼面积	167.55m²
最大平飞速度	1 014km/h
巡航速度	800km/h
正常起飞重量	72 000kg
最大起飞重量	75 800kg
最大着陆重量	55 000kg
最大载油量	34 220kg
正常载弹量	3 000kg
最大载弹重	9 000kg
实用升限	13 100m
起飞滑跑距离	1 670m
巡航高度	9 000km
最大航程	5 760km
改装后最大航程	大于7 000km
作战半径	2 500km
续航时间	7.20h
武器(武器装备)	7 门23nm航炮

西安飞机工业（集团）有限责任公司

　　西安飞机工业（集团）有限责任公司简称西飞，是科研、生产一体化的特大型航空工业企业，是我国大中型军用和民用飞机的研制生产基地，是国家一级企业。公司占地面积300多万平方米，现有职工20 000多名。西飞集团公司1958年创建以来，特别是改革开放以来，始终坚持以军用和民用飞机研制生产为主，以科技进步求发展，大力开发非航空产品，现已形成集飞机、汽车、建材、电子、进出口贸易等为一体的高科技产业集团。

空警-200预警机

空警-200预警机（代号：KJ-200），是中国中航工业陕西飞机工业集团公司（简称：陕飞）自行研制的一种中型预警机。该机是在运-8基础上研制而成的，其主要设备为中国国产。

空警-200预警机是中国空军重要的特种飞机，主要用于承担空中巡逻警戒任务，弥补地面雷达低空盲区，兼顾对航空兵实施指挥。探测、监视、跟踪和识别来袭的空中目标、水面目标等，进行战场态势监控，指挥引导己方部队实施作战，是中国预警探测与指挥系统的骨干系统化装备。

研制背景

预警机是集情报探测、指挥控制、通信导航、电子对抗、信息传输于一体的大型综合电子信息装备，是国土防空中增强低空、超低空预警探测和空中指挥引导能力的重要手段，是提高基于信息系统的体系作战能力的关键环节，是体现国家综合实力和科技水平的标志性装备。预警机诞生以来，一直是各军事强国着力发展的重点。但因其技术高度密集，系统十分复杂，此前世界上只有美、俄、以色列等少数国家具备研制能力。

空警-200是中国自主研制、拥有独立的自主知识产权的预警机。该机经过了严格的试验、测试、试飞和试用，技术先进，安全可靠。空警-200可全天候、全疆域使用，能在粗糙、松软的野战机场或地面起降，适用范围广、载油量大、小时耗油率低、续航能力较强；使用效能高，飞行信息感知清晰、明了；飞行自动化水平较高、操纵力小、机组工作负荷较小、舱内环境适于人员工作，人机工效性高。

性能参数

型号：空警-200

机长：34.02m

翼展：38m

螺旋桨直径：4.5m

机高：11.16m

空重：35 488kg

最大起飞重量：61 000kg

发动机：4台涡桨-6（WJ-6）涡轮螺旋桨发动机

马力：单发最大功率4 250hp

最大飞行速度：622km/h

最大航程：5 620km

最大升限：10 400m

爬升率：610m/s

机组乘员：7人

30175

中航工业陕西飞机工业（集团）有限公司

中航工业陕西飞机工业（集团）有限公司（简称：中航工业陕飞），位于陕西省汉中市，隶属于中国航空工业集团公司，是经中央批准设立于1969年的我国唯一研制和生产的大中型军用和民用运输机的大型国有军工企业。2001年，陕飞完成了全面的公司化改造，成为业务涉及飞机制造、大型工艺装备制造、建筑安装、交通运输、商贸服务等多领域的大型集团公司。

民用飞机

波音和空客

波音737

波音737系列飞机是美国波音公司生产的一种中短程双发喷气式窄体民航客机，主要应用在中短程航线中，具有可靠、简捷、运营和维护成本相对较低的特点。

波音737自投产40余年以来销路一直很好，是民航界史上最畅销的客机，自1967年起，已生产超过7 865架，并仍有超过3 680架的订单等待交付，主要生产线是在华盛顿州的波音伦顿厂房。

侧视图　　　　俯视图　　　　正视图

民用航空飞机都有哪几类？

现在国际民航市场上共分窄体客机、半宽体客机、宽体客机及超宽体客机。

窄体客机

窄体客机：窄体客机是每排座位不超过六座的单走道客机，如波音737、空客A320、中国的ARJ-21。

半宽体客机

半宽体客机：半宽体客机、宽体客机及超宽体客机都有至少两条走道，但是全世界只有一种半宽体客机，就是美国的波音767。

宽体客机

宽体客机：宽体客机又称宽机身客机，是指具有大直径机身客舱，有两个通道，载客量在300人以上的喷气客机，如空客A300、波音747、波音777。

超宽体客机

超宽体客机波音787、A380。同时A380是仅有的一款四走道客机。

波音737

波音737的设计特点

波音737机翼采用悬臂式下单翼。

波音737翼下吊挂两台发动机。737-800使用高涵道比的涡轮风扇发动机，装两台CFM56涡扇发动机，单台推力为88.97千牛（9 071千克）左右，提高了经济性和降低了噪音水平。

性能参数

型号：737-90ER

机师数：2人

座位数：192（一级最大座位量）
180（二级典型座位量）

座位间距：28英寸（一级最大座位量）
30寸（一级中级座位量）
32寸（二级典型座位量）

座位宽度：17.2寸（一级6列座位量）

长度：42.1m

翼展：35.8m

高度：12.5m

后掠角：25.02°

展弦比：9.45

机身宽：3.76m

机身高：4.01m

空重：44 676kg

最大起飞重量：85 130kg

最大降落重量：66 361kg

载货量：52.5m³

起飞所需跑道长度（于最大起飞重量时）：2 450m

实用升限：12 500m

巡航速率：马赫数0.78

最大速率：马赫数0.82

满载航程：一级布置：2 700nm
二级布置和两个后备燃油箱：3 200nm

最大燃料容量：7 837加仑（29 660L）

发动机（x2）：CFM 56-7

发动机长度：2.51m

发动机离地高度：48cm

空中客车A320

空中客车A320系列飞机是欧洲空中客车公司研制生产的单通道双发中短程150座级窄体客机，是第一款使用数字电传操纵飞行控制系统的商用飞机，也是第一款放宽静稳定度设计的民航客机。

A320系列飞机在设计上提高了客舱适应性和舒适性。A320系列飞机包括A318、A319、A320和A321在内组成了单通道飞机系列。A320旨在满足航空公司低成本运营中短程航线的需求。

空客A320的设计特点

采用先进的设计和生产技术及新的结构材料和先进的数字式机载电子设备。机体本身大量使用复合材料作为主要结构材料，是历史上第一架放宽静稳定度设计的民用客机。

A320系列拥有单通道飞机市场中最宽敞的机身，优化的机身截面为客舱灵活性设定了新的标准。座椅的加宽，提供了最大程度的舒适性。

A320

性能参数

型号：A320-100

机师数：2人

座位数：180（1级）、150（2级）

长度：37.57m

翼展：34.10m

高度：11.76m

后掠翼：25°

机身宽：3.95m

座舱宽：3.70m

空重：42 400kg

最大起飞重量：77 000kg

起飞所需跑道长度（于最大起飞重量时）：2 090m

实用升限：12 000m

最大燃油容量：29 680L

巡航速率：马赫数0.78

最大速率：马赫数0.82

满载航程：5 700km

空客A320的发展沿革

　　A320项目自1982年3月正式启动，第一个型号是A320-100。1987年2月22日首飞，1988年3月获适航证并交付使用。1994年A321投入服务，1996年A319投入服务，2003年A318投入服务。

　　截至2008年，空中客车A320系列包括A320、A321、A319和A318在内共生产了3 000多架，产量仅次于波音737，是销量第二的喷气式客机。

波音747

波音747是由美国波音公司在20世纪60年代末推出的大型商用宽体客/货运输机，亦为世界上第一款宽体民用飞机，自1970年投入服务后，到空客A380投入服务之前，波音747保持全世界载客量最高飞机的纪录长达37年。

波音747的设计特点

波音747的动力装置是由4台涡轮风扇喷气式发动机组成的，由发动机带动4台交流发电机为飞机供电，辅助动力装置带发电机。

波音747机身是普通半硬壳式结构，由铝合金蒙皮、纵向加强件和圆形隔框组成。破损安全结构采用铆接、螺接和胶接工艺。

波音747

性能参数

型号：波音747-8

飞行员数目：2人

载客量：467人（3级）

长度：76.4m

翼展：68.5m

高度：19.3m

空重：185 972kg

最大起飞重量：439 985kg

最高巡航速度：马赫数0.92

全载重时续航力：15 000千牛

最大燃料容量：57 285加仑

发动机：GEnx-2B67

飞机制造商——波音公司

波音公司是全球航空航天业的领袖公司，也是世界上最大的民用和军用飞机制造商，在全球航空业市场上拥有颇高的占有率。其总部设于芝加哥，在美国境内及全球70个国家共有员工159 000多名。这是一家非常多元化，人才济济且极富创新精神的企业。员工中超过12.3万人拥有大学学历，他们来自全球约2 700所大学，几乎涵盖了所有商业和技术领域的专业。波音公司非常重视发挥成千上万分布在全球供应商中的人才的作用，他们技术娴熟、经验丰富，为波音公司的产品与服务的成功与进步贡献着力量。

空中客车A300

空中客车A300是欧洲空中客车工业公司在法、德、英、荷兰和西班牙等国政府支持下研制的双发宽体客机，1969年9月开始研制，2007年7月停产，共生产561架。1978年以前，由于当时燃料价格较低，飞机销售数量很少，直到1978年春，燃油价格飞涨，市场上急需一种容量大、省油的客机，于是A300的订货猛增，这奠定了空客公司在航空制造业的基础。

A300成为第一架只需两位飞行员驾驶的宽体飞机，并采用了数位式驾驶舱。

空客A300设计的特点

空客A300飞机，相当于两架波音737客机的容量，并且座位比737宽大舒适，成为商务人士的首选机型之一。

先进的超临界机翼具有较佳的经济性能和先进的气动性能。

飞行操控高度自动化，驾驶员在紧急情况下才需以手动控制。

空中客车A300和A310系列飞机拥有同级别现役飞机中最宽的机身截面（5.64米/222英尺），确保高级别客舱中的每一名乘客都能根据自己的喜好选择过道或窗口座位。

空中客车于1972年在A300B飞机上开创了采用先进复合材料的先河，将其用于尾翼前缘等次要结构。复合材料随后被应用于主要结构，A310-300飞机的垂直尾翼全部采用复合材料制成。

型号：A300-600F

机师数：2人

机长：54.08m

机翼面积：260.00m²

机高：16.53m

货舱容积：1 520m³

使用空重：90 115kg

最大可用燃油(标准)：49 786kg

最大起飞重量：165 000kg

最大使用高度：12 200m

最大巡航速度（高度7 620m）：875km/h

发动机：CF6-80C2A1/A5发动机

起飞场长：2 280m

欧洲飞机制造商——空中客车公司

　　空中客车公司（又称：空客、空中巴士），是欧洲一家飞机制造研发公司，1970年12月于法国成立。　空中客车公司的股份由欧洲宇航防务集团公司100%持有。

　　空中客车公司作为一个家欧洲飞机制造商的联合企业，创建的初衷是为了同像波音那样的美国公司竞争。

波音787

波音787是航空史上首型超远程中型客机，是波音公司于2009年12月15日推出的全新型号。 变体机型中典型的三级座位设计能容纳242至335名乘客。

波音787的显著优势是大量采用先进复合材料建造飞机骨架、超低燃料消耗、较低的污染排放、高效益及舒适的客舱环境。首架波音787于2011年9月26日交付全日空航空公司使用。

波音787的设计特点

机舱内以**发光二极管**提供照明，取代荧光管，节省约一半电力消耗。

与其他民航机相比，它拥有更大的窗户，窗的位置亦更高。乘客可以通过窗口很方便地看见地平线。窗中以液晶体调节机舱内的明暗，减弱窗外射入的强光及维持窗口透明。

机舱气压以电动的空气压缩机维持，不使用引擎放气带入的空气；加上机身物料的空气密封功能，比旧款民航机更能保持机舱湿度。

无须放气的涡轮风扇发动机，减少各式热空气管道，以电力系统取代部分燃料。

第一家全球航空联盟

星空联盟成立于1997年，总部位于德国法兰克福，是世界上第一家全球性航空公司联盟。星空联盟的英语名称和标志代表了最初成立时的五个成员：北欧航空、泰国国际航空、加拿大航空、汉莎航空及美国联合航空。这个前所未有的航空联盟，将航线网络、贵宾候机室、值机服务、票务及其他服务融为一体。无论客户位于世界何处，都可以提高其旅游体验。

星空联盟自成立以来发展迅速，拥有28家正式成员，航线涵盖了192个国家和地区及1 330个机场。星空联盟的标语是"地球联结的方式"。

亚洲最大航空公司

全日本空输株式会社，通常简称全日空，是一家日本航空公司，也是亚洲最大的航空公司之一。全日空同时也是一家世界五百强5星级航空公司。

波音787

性能参数

型号：波音787-10

乘员：2人（驾驶舱）

座位数（两舱布局）：330

长度：224英尺（68m）

翼展：197英尺（60.17m）

高度：17m

后掠角：32.2°

机身高：5.91m

机身宽：5.75m

实用升限：43 000英尺

最大燃油容量：138 898L

最高巡航速率：马赫数0.89

巡航速率：马赫数0.85

满载航距：6 430nm

爱迪生对飞机的贡献

美国通用电气公司是世界上最大的提供技术和服务业务的跨国公司。

在1878年，伟大的发明家托马斯·爱迪生创立了爱迪生电灯公司。而1892年爱迪生电灯公司又和汤姆森-休斯顿电气公司合并，成立的新公司就叫作通用电气公司（GE）。GE是自道·琼斯工业指数1896年设立以来唯一至今仍在指数榜上的公司。

空中客车A380

空中客车A380是欧洲空中客车公司研制生产的四引擎、555座级超大型远程宽体客机，是目前载客量最大的客机，有空中"巨无霸"之称。首航于2005年4月27日在图卢兹起飞，当时载着6名机组人员、测试仪器及水袋，起飞重量为421吨。虽然这只是A380的最高起飞重量的75%，但已经打破当时客机的起飞重量纪录。

性能参数

型号：空客A380

乘员：2人（驾驶舱内）

载客量：555（3级）、644（2级）、853（1级）

长度：72.75m

翼展：79.75m

机翼面积：845m²

高度：24.09m

外机身宽度：7.14m

载货量：66.4t

载重量：90 800kg

载油量：310 000L

空重：276 800kg

最大起飞重量：560 000kg

最大巡航速度：马赫数0.89

实用升限：13 100m

起飞滑跑距离：2 750m

航程（设计负载内）：15 700km

巡航速度：马赫数0.85

发动机：4x发动机联盟（Engine Alliance）GP7270（A380-861）

名称的由来

按照空客公司的惯例排序，新型客机的名称应该为A350，但跨入新世纪，空客在技术上也需要一个大的飞跃，所以要跨过A350，应当取名为A360。但是A360在英国的航空语言里是转圆圈的意思，空客当然不愿意只转圆圈。接下来应当是A370，然而，在空客的眼里7和竞争对手波音有着标志性的联系，波音的飞机开头的数字都是7。再下来的8在亚洲尤其是大中华文化圈内是个众所周知的代表吉利的数，因此这款大客机便取名为A380。

A380的设计特点

A380采用了更多复合材料，改进了气动性能，使用新一代的发动机、先进的机翼、起落架，从而减轻了飞机的结构重量，减少了油耗和排放，每千米油耗及二氧化碳排放更低，同时也降低了营运成本，每乘客(座)/百千米油耗不到3公升（相当于一辆经济型家用汽车的油耗）。

A380具备低空通场、超低空低速通场的能力，能够在中低空完成大仰角转弯、空中翻转。这保证了飞机在遭遇鸟击、雷暴、大侧风时的飞行安全。

民用飞机

中国的民用飞机

支线飞机——ARJ-21支线客机

ARJ-21支线客机是70~90座级的，中、短航程支线客机。机体采用双圆剖面机身、下单翼、尾吊两台涡轮风扇发动机。拥有**超临界机翼**和一体化设计的翼梢小翼，驾驶舱采用两人体制，航电系统采用总线技术、LCD平板显示并综合化。

ARJ-21支线客机是中国按照国际标准研制的具有自主知识产权的飞机。ARJ-21包括基本型、货运型和公务机型等系列型号。2015年11月29日，首架ARJ-21支线客机飞抵成都，交付成都航空有限公司（成都航空），正式进入市场运营。2016年6月28日，ARJ-21-700飞机搭载70名乘客从成都飞往上海，标志着ARJ-21正式以成都为基地进入航线运营。

ARJ-21的技术特点

ARJ-21通过增加复合材料、钛合金、铝-铝合金等材料的应用比例，以减轻重量，减少油耗，提高耐久性和可靠性水平。

ARJ-21民用新支线客机采用超临界机翼和一体化设计的翼梢小翼，以获得较高的巡航升阻比，从而降低巡航阻力。

ARJ-21民用新支线客机采用两台CF34-10A涡轮风扇发动机，具有低油耗、低噪声、可靠性高、维修方便的特点。它提高了飞行速度，其速度与干线大飞机相当。

成都航空有限公司

成都航空有限公司简称成都航空，主营运地在成都双流国际机场，前身为鹰联航空有限公司，是中国第一家获得国家民航局批准成立的民营航空运输企业。2010年1月22日，中国商用飞机有限公司、四川航空集团公司、成都交通投资集团公司重组成立成都航空有限公司。

ARJ-21

什么是支线飞机

支线飞机，是指座位数在50座至110座左右，飞行距离在600千米至1 200千米的小型客机。支线运输是指短距离、小城市之间的非主航线运输。国家有关部门现在正在制定鼓励发展支线航空的措施，包括减免小型机场建设费、调低相关费用、增加小型支线飞机的数量等。未来国内航线布局发展的重点将在沿海开放地区、西部交通不便地区，还有中部的一些旅游城市。

性能参数

型号：ARJ-21-700

载客量：78~90座

翼展：27.3m

机翼面积：79.86m²

机翼后掠角：25°

机长：33.46m

机高：8.44m

发动机：CF34-10A

干线飞机——C919大型客机

　　C919大型客机是我国按照国际民航规章自行研制、具有自主知识产权的大型喷气式中短途民用客机，是中国首款按照最新国际适航标准，与美国、法国等国企业合作研制组装的干线民用飞机，由中国商用飞机有限责任公司于2008年开始研制，并于2017年5月首飞成功。

C919的设计特点

　　C919从机头、机翼到机尾、发动机，在设计上都费尽心思，最大限度地减少阻力，降低油耗。

　　C919采用四面式风挡，它的风挡面积大，视野开阔，简化了机身加工工业，减少了飞机头部气动阻力。

　　先进的气动布局和新一代超临界机翼等先进气动力设计技术可以使其达到比现役同类飞机更高的巡航气动效率。

　　采用先进的发动机以降低油耗、排放量和噪声。

　　先进的结构设计与较大比例地使用先进金属材料、复合材料，大大减轻了飞机的结构重量。

　　先进的电传操纵和主动控制技术，不仅可以提高飞机综合性能，还能够大大加强机体的可操作性。

　　先进的维修理论和技术，大大降低了维修成本。

什么是干线飞机

干线飞机是相对于支线飞机来说的。干线飞机一般是指航行于城市与城市之间的载客量大、速度快、航程大的飞机，比如波音737、空客320等这些飞机都有载客量大、速度快、航程远等特点。世界上有能力生产大型干线飞机的国家有美国、俄罗斯、乌克兰等。大型干线飞机的生产不仅是国家的需要也是一个国家综合国力的体现。

性能参数

型号：C919

载客量：158~190人

长度：38.9m

机高：11.9m

翼展：35.8m

最大航程：5 555km

最大起飞重量：72 500~77 300kg

最大着陆重量：66 600kg

最大设计航程：4 075~5 555km

巡航速度：马赫数0.78~0.84

最大使用速度：马赫数0.82~0.84

最大巡航高度：12 100m

客舱压力高度：2 400m

起飞场长：2 200m

着陆场长：1 600m

最高空载进场速度：276.55km/h

中国商用飞机有限责任公司

中国商用飞机有限责任公司简称中国商飞，于2008年5月11日在中国上海成立，是我国实施国家大型飞机重大专项中大型客机项目的主体，也是统筹干线飞机和支线飞机发展、实现我国民用飞机产业化的主要载体。中国商飞公司注册资本190亿元，总部设在上海。公司所属单位主要有中航商用飞机有限公司、上海飞机设计研究院、上海飞机制造有限公司、上海飞机客户服务有限公司及上海航空工业（集团）有限公司。

名词解释

① 推力——推动飞行器运动的力。它是作用在发动机内、外表面或推进器（如螺旋桨）上各种力的合力。

② 爬升率——又称爬升速度或上升率，是各型飞机，尤其是战斗机的重要性能指标之一。

③ 马力——是工程技术上常用的一种计量功率的单位。

④ 最大起飞重量——是指因设计或运行限制，航空器能够起飞时所容许的最大重量。

⑤ 实用升限——是爬升率略大于零的某一定值时所对应的最大平飞高度。

⑥ 航空发动机——是一种高度复杂和精密的热力机械，为航空器提供飞行所需动力的发动机。

⑦ 推进剂——又称推进药，有规律地燃烧并释放出能量，产生气体，推动火箭和导弹运行的火药。

⑧ 靶机——泛指作为射击训练目标的一种军用飞行器，属于无人飞机的一种。

⑨ 续航时间——又称航时。它是指飞机在不进行空中加油的情况下，耗尽其本身携带的可用燃料时，所能持续飞行的时间。

⑩ 超音速——超过声音的传播速度，声音在15℃的空气中的速度是340米每秒。

⑪ 反辐射导弹——又称反雷达导弹，是指利用敌方雷达的电磁辐射进行导引，从而摧毁敌方雷达及其载体的导弹。

⑫ 翼载荷——翼载荷是指飞机质量和机翼面积之比。

⑬ 法西斯——原为古罗马执法官吏的权力标志。现象征强权、暴力、恐怖统治，对外侵略掠夺，是资本主义国家的极端独裁形式。

⑭ 德意志第三帝国——德意志第三帝国一般指纳粹德国（国家名称），通常指1933年至1945年间的德国。

⑮ 轴心国——指在第二次世界大战中结成的法西斯国家联盟，领导者是纳粹德国、意大利王国和日本帝国及与他们合作的一些国家和占领国。

⑯ 反法西斯同盟——中、美、英、苏等26个国家在华盛顿举行会议，签署了《联合国家宣言》，标志着国际反法西斯统一战线最终形成。

⑰ 电热飞行服——指可通过电加热方式加温的飞行服，有利于飞行员在低温情况下生存。

⑱ 全天候——不受天气限制，能适应各种复杂的气候条件。

⑲ 流体力学——是力学的一门分支，是研究流体（包含气体、液体及等离子体）现象及相关力学行为的科学。

⑳ 吸波材料——指能吸收投射到它表面的电磁波能量的一类材料。在工程应用上，除要求吸波材料在较宽频带内对电磁波具有高的吸收率外，还要求它具有质量轻、耐温、耐湿、抗腐蚀等性能。

㉑ 发光二极管——是半导体二极管的一种，可以把电能转化成光能。

㉒ 超临界机翼——采用特殊翼剖面（翼型）的机翼。它能提高机翼的临界马赫数，使机翼在高亚音速时阻力急剧增大的现象推迟发生。